EXAMEN

DE LA

QUESTION

MÉDICO-POLITIQUE.

EXAMEN

DE LA

QUESTION

MÉDICO-POLITIQUE :

Si l'usage habituel du Caffé est avantageux ou doit être mis au rang des choses indifférentes à la conservation de la santé ; s'il peut se concilier avec le bien de l'Etat dans les Provinces Belgiques ; ou s'il est nuisible & contraire à tous égards ?

PAR N. F. J. ELOY,

Conseiller-Médecin de feu S. A. R. le Duc **CHARLES-ALEXANDRE** de Lorraine & de Bar &c. &c. &c. Médecin-Pensionnaire de la ville de Mons, Correspondant de la Société Royale de Médecine de Paris.

Laudatur ab his, culpatur ab illis.
HORATIUS, Lib. I, Serm. II.

A MONS,

Chez H. Hoyois, Imprimeur-Libraire, rue de la Clef.

DISCOURS

PRÉLIMINAIRE.

Nous ne manquons point d'Auteurs qui ont parlé de l'Histoire Naturelle du Caffier ; mais il y en a peu qui aient écrit impartialement fur les propriétés de la boiffon qu'on prépare avec fon fruit. Les effets qui peuvent en réfulter, méritent cependant la plus grande confidération, & s'il fut jamais néceffaire d'en examiner les fuites, c'eft dans ce moment ; car le Caffé fait aujourd'hui les délices de toutes les conditions ;

la tyrannique habitude leur a même imposé la loi d'en prendre journellement, soit pour dissiper le mal-aise qu'on attribue à sa privation, soit pour prévenir ou guérir les maux dont on le croit le seul antidote. Mais la classe moyenne, & plus encore la classe inférieure du peuple, étend l'usage du Caffé bien au-delà de ces premières vues; un grand nombre dans celle-là, & la plupart des individus de celle-ci n'ont presque d'autre boisson que la liqueur qu'on en tire. Cette manie s'est répandue, comme épidémiquement, dans l'une & dans l'autre de ces classes d'habitans de

notre Province ; auffi eft-il difficile de trouver des termes affez énergiques pour exprimer
leur paffion pour le Caffé : à
la ville , & même à la campagne, on en fait un ufage autant abufif qu'il eft univerfel.
Le peuple en prend plufieurs
fois le jour , pour remplacer la
bière qui lui paroît trop chère ;
mais il fe trompe en fe condui-
fant ainfi ; car il fe prive mal-
adroitement d'une boiffon qui
lui donneroit des forces & le
foutiendroit dans le travail , fans
comprendre que les fraix ac-
cumulés de fa prétendue économie équivalent sûrement ,
furpaffent peut-être la dépenfe

qu'il feroit pour se procurer la juste quantité de bière qu'il boiroit à ses repas.

Toute foible que soit la teinture du Caffé, dont l'usage est si répandu parmi le peuple, cette qualité ne peut servir d'excuse à son inconduite, puisqu'elle est par elle-même préjudiciable à la santé. Que sera-ce donc, si l'on fait entrer en considération la quantité de Caffé dont le peuple s'abreuve? Déja excédente le matin, elle l'est encore plus à la suite de son dîner qui n'est mouillé par aucune boisson, parce qu'on s'attend de suppléer à ce défaut par le Caffé qui doit le suivre.

Quelque extravagante que
foit la bizarrerie de cet arran-
gement, le peuple eſt fort éloigné d'y renoncer. Son penchant
pour le Caffé eſt dégénéré en
paſſion ; le ſexe ſur-tout ne veut
point s'en abſtenir. N'importe
que la guerre des Anglois avec
nos voiſins ait rehauſſé le prix
de cette marchandiſe, les femmes du peuple ſont toutes diſ-
poſées à ſacrifier les beſoins les
plus indiſpenſables à leur goût
dominant.

Un abus auſſi général ne peut
manquer de donner atteinte à
la ſanté & de répandre à la longue beaucoup d'amertume ſur
la vie de cette portion d'hom-

mes, dont les bras font defti-
nés au travail ou à la défenfe
de la Patrie; & cette réflexion
feule auroit fuffi pour m'enga-
ger à écrire, fi le même abus
n'influoit encore fur la perception des revenus publics. Mais
la tâche que je me fuis impofée
ne fe borne point à ces premiers
objets; j'ai également en vue
les autres claffes de citoyens,
& particulièrement celles qui
fe diftinguent dans l'ordre civil,
foit par le rang qu'elles y tiennent, foit par les emplois qu'elles occupent, foit par les fonctions qui demandent plus de dépenfe des forces de l'efprit que
de celles du corps. La plupart

de ces claſſes d'hommes ſont
auſſi dans le cas de la réforme
par rapport au Caffé ; c'eſt au
mauvais uſage qu'elles en font,
qu'on peut attribuer cette foule
de ſymptômes nerveux qui les
prive des agrémens de la vie.
Je pourrois dire avec *Horace*,
Livre III, Ode VII.

Hoc fonte derivata clades
  In proceres , populumque fluxit.

Dans le deſſein de rendre
mon Ouvrage plus inſtructif &
par-là plus intéreſſant , j'ai cru
devoir rappeller , dans ce Diſcours , les circonſtances principales de l'Hiſtoire du Caffier &
de ſes fruits , donner même le

réfultat de différentes analyfes que la Chymie a faites de ces derniers. D'après ces notions préliminaires, on fentira mieux les vérités répandues dans le corps du Mémoire deftiné à l'examen de la Queftion propofée, & il fera plus facile d'apprécier à fa jufte valeur le bien & le mal qu'on dit du Caffé, ou qu'on fe croit en droit de dire.

Le Caffier vient originairement de la haute Ethiopie, où il a été connu de tems immémorial; il y eft même encore cultivé avec fuccès. Son fruit eft beaucoup plus gros, un peu plus long, moins verd, & prefque auffi parfumé que celui

PRELIMINAIRE. jx

qu'on a commencé à cueillir dans l'Arabie heureuse, vers la fin du quinzième siècle, & qui est si réputé aujourd'hui sous le nom de Caffé Moka. L'arbre qui le produit, croît dans le territoire de Betelfagui, ville du Royaume d'Yemen située à dix lieues de la mer rouge, dans un sable aride. On l'y cultive dans une étendue de cinquante lieues de long, sur quinze & vingt de large. Son fruit n'a pas le même degré de perfection par-tout ; celui qui croît sur les lieux élevés, est plus petit, plus verd, plus pesant, & généralement plus estimé.

Le Caffier, qui est nommé *Jasminum Arabicum lauri fo-*

liô par les Botaniftes, s'élève
jufqu'à la hauteur de quarante
pieds, mais fur un tronc dont
le diamètre n'excède pas quatre à cinq pouces. Au rapport
de M. *Valmont de Bomare*,
dans fon Dictionnaire d'Hiftoire Naturelle, cet arbre porte
des branches fouples, couver-
tes d'une écorce blanchâtre,
fort fine. Ses feuilles font op-
pofées deux à deux, & ran-
gées de manière qu'une paire
fait une croix avec une autre
paire : elles ont quelque ref-
femblance avec celles du lau-
rier ordinaire : elles font toujours vertes, liffes & luifantes
au deffus, pâles en deffous :

elles font fans odeur & d'une faveur d'herbe. Ses fleurs fortent des aiffelles des feuilles au nombre de quatre ou cinq: elles font blanches, quelque-fois d'un rouge pâle, odoran-tes, d'une feule piece, en for-me d'entonnoir, partagées le plus fouvent en cinq décou-pures, comme le Jafmin d'Ef-pagne. Le piftille fe change en un fruit ou baie molle, verte d'abord, enfuite rouge, & en-fin d'un rouge plus obfcur lorf-qu'elle eft dans la parfaite ma-turité, de la groffeur d'un bi-garreau, ayant à fon extrêmité une efpèce d'ombilic. La chair de ce fruit eft mucilagineufe, pâle, d'un goût fade : elle sert d'enveloppe commune à deux coques minces, ovales, étroitement unies par l'endroit où elles se joignent, & qui contiennent chacune une demi-fève ou semence, d'un verd pâle ou jaunâtre, ovale, voûtée par le dos, platte du côté opposé, & creusée de ce même côté d'un sillon assez profond. On recueille deux ou trois fois l'année des fruits mûrs & on les fait sécher : on voit en toutes les saisons des fruits & presque toujours des fleurs sur le Caffier.

C'est-là ce grain si connu sous

le

le nom de *Caffé*, & dont les seuls habitans d'Yemen, qui fournissent le Moka, débitent tous les ans pour huit millions, sept cens quatre-vingt-cinq mille livres. Le marché général est à Betelfagui, où s'achete tout le Caffé qui doit sortir du pays par terre ; le reste est porté à Moka qui en est éloigné de trente-cinq lieues, ou dans les ports les plus voisins de Lochia & d'Hodeida. L'exportation totale peut être évaluée à douze millions, cinq cens cinquante mille livres pesant chaque année.

Le Caffé Moka ou du Levant a les fèves plus petites que les

B

autres espèces connues ; lorf
qu'elles ont paffé au moulin qui
les dépouille de la peau fine
qui les couvre, elles ont une
couleur jaunâtre & font de
bonne odeur. Il eft à propos
de remarquer qu'il y a du Caffé
Moka de trois qualités. La meil-
leure, appellée *Bahouri*, eft ré-
fervée pour le grand Seigneur
& le ferrail ; les deux autres,
qui font le *Saki* & le *Salabi*,
fe débitent en Arménie, en
Perfe, en Arabie, fur la côte
d'Afrique, dans l'Indoftan, aux
Maldives & en Europe.

Les Hollandois ont effayé
de cultiver le Caffé à Batavia
& il y a réuffi. Sa femence qui

est plus groſſe & plus blanchâtre que le Moka, eſt connue
ſous le nom de Caffé Java ou
d'Orient.

Le Caffé de Surinam, co-
lonie Hollandoiſe de l'Améri-
que dans la Terre ferme, eſt de
couleur verdâtre & de diffé-
rente groſſeur.

L'Iſle de Bourbon, en Afrique, produit un Caffé blanchâtre, allongé, inodore &
bien inférieur à celui d'Arabie. Le Caffé de la Martinique
ou des Iſles eſt encore de moindre qualité ; il eſt verdâtre, &
il a l'odeur & le goût un peu
herbacés.

On appelle Caffé mariné ou

avarié, celui qui a été mouillé d'eau de mer dans le transport : de tel endroit qu'il vienne, on n'en fait point de cas, à cause de l'acreté saline que la torréfaction ne parvient jamais à lui ôter.

L'usage du Caffé, maintenant répandu dans toute l'Europe, étoit inconnu dans cette partie du globe avant le seizieme siècle ; c'est aux marchands Vénitiens qu'on en doit l'introduction en Italie. Cet usage passa bientôt en Allemagne, car il y étoit déja assez commun vers le milieu du même siècle. La France tarda bien davantage à tirer parti du Caffé,

foit dans fon commerce , foit
pour augmenter le luxe des tables ; Marſeille eſt la première
ville de ce Royaume où l'on
ait vu de ces femences étrangères en 1644 , mais on ne les
connut preſque point à Paris
avant l'année 1669. L'Angle-
terre fut plus empreſſée à ſe
procurer ces fèves ; & comme
on y apprit en même tems la
méthode de les employer en
décoction, le goût que le public prit pour cette liqueur ,
engagea quelques habitans de
Londres à la tenir toujours
prête dans des boutiques ouvertes , connues aujourd'hui
ſous le nom de *Caffé.* L'éta-

bliſſement de la plus ancienne , date de 1652 dans cette capi- tale , où l'on en compte main- tenant juſqu'à trois mille.

Les premiers Européens qui aient écrit de l'uſage du Caffé , étoient Médecins. *Léonard Rauwolff* natif d'Ausbourg en parla dans la Relation de ſon Voyage au Levant , qui parut en Allemand à Francfort en 1582 ; mais *Proſper Alpini* , de Maroſtica dans l'Etat de Veni- ſe , s'étendit davantage ſur cette liqueur dans ſon Livre des plantes de l'Egypte , pays qu'il avoit parcouru pendant 3 ans , & notamment la partie qui con- fine avec l'Iſthme de Suez , lui-

même voisin de l'Arabie, Ce Médecin revint en Italie en 1584.

De toutes les boissons qui
ont pris faveur, il n'en est pas
qui se soit plus universelle-
ment répandue que le Caffé ;
comme il n'est point de Nation
qui ne l'ait trouvée à son goût,
on la prépare maintenant dans
presque toutes les contrées du
monde habitable, soit par la
décoction dans l'eau, soit par
l'infusion des fèves rôties &
pulvérisées. La manière de faire
le caffé n'a cependant point
toujours été la même dans les
endroits où l'usage de cette liqueur attrayante est le plus ac-
crédité. Les Arabes ont com-

mencé par piler les grains de Caffé dans un vaiſſeau de terre, immédiatement après les avoir grillés ; ils y verſoient enſuite de l'eau chaude dans laquelle ils les faiſoient bouillir pendant quelques momens, & buvoient cette décoction, ſans lui donner le tems de dépoſer ſon marc. Mais comme ils ne tardèrent point à ſe dégoûter du Caffé trouble, ils en firent précipiter les parties les plus groſſières au moyen d'un linge humide, dont ils enveloppèrent le vaiſſeau auſſitôt après l'avoir retiré du feu. A cette première précaution ils ajoutèrent celle de laiſſer la liqueur dans un parfait repos, & parvinrent ainſi à l'avoir bien claire; c'étoit alors qu'ils la verſoient dans les taſſes & qu'ils l'édulcoroient avec plus ou moins de ſucre, chacun ſuivant ſon goût.

La plupart des Arabes font leurs délices du Caffé, mais le bonheur de le prendre en nature eſt réſervé aux citoyens riches; la multitude eſt réduite à la coque & à la pellicule qui ſervent d'enveloppes propres & communes aux fèves. Ces reſtes mépriſés lui forment une boiſſon aſſez claire qui a le goût du Caffé, ſans en avoir ni l'amertume ni la force; on l'appelle *Caffé à la Sultane. Andry,*

Docteur de la Faculté de Paris, a donné le même nom à la décoction du Caffé non grillé; on le fait bouillir dans l'eau pendant un demi quart d'heure au plus, & il en résulte une liqueur de couleur de citron, qu'on boit avec un peu de sucre.

L'usage du Caffé est tellement répandu dans les Provinces de l'Empire Ottoman, qu'il est impossible d'imaginer la consommation qu'en fait une multitude de gens oisifs qui passent toute la journée, soit à boire de cette liqueur, soit à fumer du tabac dans les *Caffés* publics. La consommation n'en est pas moindre dans les Etats des

Princes de l'Europe ; il feroit
difficile d'eftimer au jufte la
quantité qu'on y introduit &
qu'on y débite. Par l'Edit qui
vient de paroître à Berlin au
fujet du Caffé , on voit que le
Roi de Pruffe fixe à la fomme
de fept ou huit cens mille écus
la dépenfe annuelle que l'importation de ces fèves étrangères occafionne à fon peuple.
Je ne m'aviferai pas de compter
le nombre de balles qui paffent
chaque année dans les Pays-Bas
Autrichiens & qu'on y confomme ; ce nombre doit être bien
confidérable , puifque les marchands épiciers de Mons vendent journellement au delà de

trois cens livres de Caffé brûlé, pour l'ufage des habitans qui n'ont point chez eux de ces fèves en provifion; & de ce chef, voilà plus de cent mille livres de Caffé qui fe vendent annuel-lement au peuple par petit poids. Mais fi l'on ajoute à cette quantité, celle qui réfulte de la confommation que font les gens aifés qui ont du Caffé en réferve pour le befoin de leur famille, à quoi ne fe monte pas le nombre des livres qui entre chaque année dans cette ville, elle qui n'eft que médiocrement grande & paffablement peu-plée ? Je ne crains point le reproche d'exagération dans ce

calcul ; il eſt certainement au
deſſous de la réalité ; encore
n'y fais-je point entrer ce qu'il
faut de Caffé pour le débit de
ces maiſons ouvertes qui en portent le nom. Combien de mil-
liers de livres ne s'y conſom-
ment-ils pas ?

La manière la plus commune
de préparer le Caffé, c'eſt d'en
rôtir & d'en moudre enſuite
les fèves, pour en tirer plus
parfaitement la teinture, ſoit
par décoction dans l'eau, ſoit
par une infuſion momentanée
à travers un entonnoir percé
de trous, & garni intérieure-
ment de papier brouillard ou
d'une chauffe de laine. Cette

dernière façon est connue sous le nom de *Caffé à la minute.* On corrige l'amertume de la liqueur avec du sucre ; d'autres y ajoutent encore du lait ou de la crême.

Quand l'usage du Caffé commença à se répandre, la classe inférieure du peuple fut aussi empressée d'en tâter, que les personnes d'un rang plus relevé ; mais comme elle ne put pas toujours faire face à la dépense que l'usage habituel de cette liqueur entraîne après lui, elle eut recours à différentes expériences sur certains grains & légumes, pour tâcher de trouver un moyen qui lui tînt lieu des fèves étrangères qu'elle cherchoit à remplacer. Le peuple a employé les haricots blancs, rôtis & pulvérifés, & il a été d'autant plus flatté de fa découverte, que leur décoction approche de celle du Caffé, tant pour le goût que pour l'odeur: mais ces qualités apparentes ne lui en imposèrent pas long-tems, parce qu'il s'apperçut que la nouvelle liqueur nuifoit à l'eftomac & caufoit des maux de tête.

Dans la fuite des tems, on a trouvé que le feigle brûlé avec une quantité fuffifante d'amandes, & bouilli plus long-tems que le Caffé ordinaire, donnoit à l'eau quelque chose du goût, de l'odeur & des autres qualités de ce dernier. C'est le *Caffé à la Paysanne* de *Gaspar Neumann*, Médecin de Berlin, qui est mort en 1737. *Friedel*, autre Médecin Allemand, propose un caffé fait avec parties égales d'amandes douces & amères qu'il rôtit après en avoir ôté la peau. Mais la liqueur qui résulte de la décoction de ce mélange dans l'eau, approche si peu des qualités du Caffé, que bien loin de flatter le goût de ses partisans, elle semble avoir été inventée pour corriger l'habitude d'en prendre par l'aversion qu'elle inspire. On

On a encore imaginé différens autres moyens pour remplacer les fèves qui nous viennent de l'étranger. Celui qui a
le mieux réuſſi, eſt la racine
de chicorée amère, découpée
par petits morceaux, ſéchée
lentement au four, rôtie enſuite & moulue, pour être em-
ployée en guiſe de Caffé, en
la mêlant par moitié avec luí.

Les marchands qui vendent
en débit le Caffé brûlé, paſſent
un peu de beurre dans la poele,
afin de rendre aux ſemences
ſurannées une partie du goût
qu'elles ont perdu par la vé-
tuſté. Cette pratique eſt con-
damnable à tous égards. Mais

ceux de ces marchands qui tor-
réfient de bonnes fèves avec
une addition de caſſonade ,
n'altèrent point la qualité du
Caffé ; tout au contraire, la ca-
ramelle qui ſe forme à la ſur-
face des grains & les enduit
d'une croute mince, ſert de
barrière aux principes les plus
volatils qui s'échappent ſi abondamment, lorſqu'on brûle le
Caffé ſans employer cet expédient utile. Je dis utile, car il
l'eſt encore aux marchands,
parce que la caſſonade fait poids
dans le débit, & qu'elle ne
coûte point autant que le Caffé,
qui ſouffre d'ailleurs moins de
déperdition dans le rôtiſſoir.

Après cet exposé succint de l'histoire du Caffé & de sa préparation, il est nécessaire de passer à l'analyse de ses principes, puisqu'on ne peut apprécier leurs effets sur le corps de l'homme, sans connoître les propriétés dépendantes de leur nature. Ce font les conséquences qui réfultent de ce détail, qui viennent à l'appui de l'opinion qu'on doit se former sur l'ufage habituel du Caffé.

La plus simple de toutes les expériences qu'on puisse faire pour juger de la qualité du principe dominant dans le Caffé, est celle qui se répète tous les jours, lorsqu'on en brûle les

ſemences à feu nud. Leur huile
volatiliſée par la chaleur s'éle-
ve au travers des ouvertures
que laiſſe la poele la mieux fer-
mée, frappe déſagréablement
les yeux par ſon acreté, qui les
irrite, & plus déſagréablement
encore les poumons qu'elle
agace par une toux importune,
à laquelle ſe joint bientôt l'op-
preſſion la plus violente, ſi l'on
ne s'empreſſe de reſpirer un
nouvel air. Gardons-nous d'attribuer ces accidens aux vapeurs des matières combuſti-
bles qui échauffent la poele;
c'eſt dans la nature de celles
qui s'élèvent du Caffé brûlé,
qu'il faut en chercher la cauſe.

La torréfaction développe l'huile de ces fèves étrangères en si grande abondance, que le papier sur lequel on les jette au sortir du tambour, ne tarde point à être imbibé de cette huile.

Tout simple que soit ce procédé, il prouve bien clairement que le Caffé abonde en huile; or il est connu en Chymie que toutes les substances végétales qui en contiennent, prennent l'odeur de brûlé, ou l'empyreume, lorsqu'elles subissent l'action d'une chaleur vive, sur-tout dans les vaisseaux clos. Cette odeur est même tellement propre aux huiles brûlées,

qu'aucun corps n'eft fufceptible
de la contracter, qu'autant qu'il
eft huileux. Il eft vrai que la
teinture de Caffé rôti ne frappe
point le goût ou l'odorat par
une qualité manifeftement empyreumatique, puifqu'on boit
cette liqueur avec plaifir; cependant il n'eft pas poffible
que le degré de torréfaction
que les fèves ont fubi dans un
tambour expofé au feu nud,
n'ait changé le caractère naturel de leur huile. En effet, elle
n'a pu s'élever & fe volatilifer
par la chaleur, fans être altérée,
c'eft-à-dire, fans perdre la qualité douce & onctueufe des huiles graffes. Semblable au beurre

dont cette qualité fait tout le mérite, elle a rouſſi ou bruni au feu ; & tout ainſi que le beurre qui a éprouvé un degré de chaleur trop vif ou trop long-tems continué, elle fait ſur l'organe du goût une ſenſation qu'on ne trouve agréable, que par la raiſon qu'elle eſt excitée par un principe acrimonieux.

En convenant que l'huile du Caffé n'a point pris dans la poele un caractère tout-à-fait empyreumatique, je ſuis éloigné de croire qu'elle ne s'y ſoit pas aſſez dénaturée pour devenir nuiſible. Mais comme il ne s'agit point de donner ici les preuves de cette affertion , je paffe à l'expofé des analyfes qu'on a faites du Caffé , me réfervant de voir , en fon tems , fi l'on peut en conclure quelque chofe de plus favorable. Suivant *Geoffroy* dans fon Traité de Matière Médicale , à l'article où il parle des végétaux exotiques , on a retiré de trois livres de Caffé crud , diftillé par la retorte :

4 onces , 5 gros & demi de phlegme limpide , inodore & prefque infipide ;

2 onces , 5 gros & 18 grains de liqueur aigrelette , d'un goût tant foit peu âpre ;

12 onces , 3 gros , 48 grains d'une liqueur , foit acide , foit

d'une acreté alcaline , d'une odeur empyreumatique & d'un goût amer ; 8 onces, 2 gros , 66 grains d'huile épaiſſe qui approchoit de la conſiſtence de la graiſſe.

La maſſe qui s'eſt trouvée dans la retorte , peſoit onze onces , un gros ; & cette maſſe ayant été calcinée pendant 33 heures, a donné une once, cinq gros , quinze grains de cendre brune , de laquelle on a tiré par la lixivation :

1 once , 40 grains de ſel alcali fixe.

On a perdu huit onces , ſix gros , douze grains pendant la diſtillation, & neuf onces, trois gros , cinquante - sept grains par la calcination. Dans ce travail , comme dans le suivant , chaque livre étoit de seize onces , & chaque gros de soixante-douze grains.

L'Académie Royale des Sciences de Paris a fait une autre épreuve ; elle a soumis à l'analyse le Caffé préparé par l'ébullition dans l'eau. Trois livres de fèves duement torréfiées ont diminué d'un quart ; les deux livres & quatre onces qui restoient, ont été mises en poudre , & on les a fait bouillir légèrement dans soixante-douze livres d'eau claire. La décoction ayant déposé son marc ,

elle en fut féparée par inclina-
tion & enfuite diftillée lentement au Bain Marie. On a
obtenu :

60 livres , 9 onces d'une liqueur limpide , d'abord infipide , puis aigrelette , enfin d'une acidité affez forte.

La maffe reftée dans l'alem-
bic ayant été réduite en con-
fiftence d'extrait folide , pefoit
dix-fept onces , deux gros. Cet
extrait diftillé par la retorte a
donné :

5 onces, un gros, 60 grains
de liqueur acide ;

2 onces, 3 gros, 30 grains
d'une liqueur âcre alcaline ,
avec une certaine portion de
fel volatil de même nature ;

1 once, 5 gros, 42 grains d'huile épaisse.

La masse restante étoit noire, légère, spongieuse, & pesoit quatre onces, trente-six grains. On la calcina pendant onze heures & plus, soit au feu de réverbère, soit dans un creuset, & elle demeura toujours noire. Elle donna de la fumée & de la flamme pendant tout le tems de la calcination, & se trouva enfin réduite au poids d'une once, trois gros. Traitée alors par la lixivation, on en obtint 7 gros, 70 grains de sel alcali fixe qui avoit l'odeur & le goût de soufre.

Il y a eu trois onces, six gros,

quarante-huit grains de perte
par la diftillation à la retorte,
& deux onces, cinq gros,
trente-fix grains par la calcination.

De cette analyfe de la teinture de Caffé, il réfulte qu'une
demi-once de fèves torréfiées
contient :

1 gros, 68 grains d'extrait épais,
50 grains environ de fel acide,
 8 grains de fel volatil alcali,
13 grains d'huile d'une confif-
   tence prefque égale à celle
   de la graiffe,
 8 grains de fel fixe,
 4 grains de terre inerte.

Et delà M. *Geoffroy* conclut
que les femences du Caffé brûlé

doivent leur énergie principale à une huile grasse empyreumatique, mais fort raréfiée par le mélange des particules ignées qu'elle a reçues dans son sein pendant la torréfaction ; énergie qui est d'autant plus active, qu'une combinaison assez notable de sel volatil acrimonieux en augmente les effets.

On peut remarquer ici qu'une seule tasse de Caffé contient tous ces principes, puisque la plupart des gens aisés n'y emploient pas moins d'une demi-once de fèves pour que la teinture soit à leur goût. Je m'arrête ; car ce seroit trop me presser que de tirer maintenant,

de cette analyſe, des conſé-
quences favorables ou déſavan-
tageuſes à la liqueur dont l'uſ-
ſage a percé dans toutes les claſſes de la ſociété. Il eſt vrai que
l'analyſe doit entrer pour quelque choſe dans l'examen auquel on va ſoumettre cette liqueur; mais comme la conſtitution particulière des perſonnes qui ſe font une habitude
journalière d'en boire , augmente , accélère ou diminue les
effets dont on la croit coupable ,
l'impartialité demande qu'on
renvoie la déciſion de la queſtion propoſée, au tribunal de la
Raiſon & de l'Expérience.

Je ne ſerai pas long dans l'exposition des motifs qui doivent porter ces deux juges à se décider pour ou contre l'usage habituel du Caffé. La cause de cette liqueur demande d'être instruite le plus sommairement qu'il est possible, afin de ne point trop grossir le volume qui en contient le détail, & de mettre ainsi toutes les classes des citoyens à même de se le procurer & de le lire. Je manquerois mon but, si j'allois laisser courir ma plume au gré de l'amour propre qu'une production aussi mince que celle-ci ne peut guère flatter : l'intérêt de ma patrie est le seul objet que j'ai en vue ; le remplir est toute mon ambition.

EXAMEN

D'UNE

QUESTION

MÉDICO-POLITIQUE

SUR L'USAGE DU CAFFÉ.

Depuis le tems que le Caffé est connu en Europe & que l'habitude d'en prendre est passée dans toutes les conditions, on n'auroit point vu son usage si généralement répandu, s'il n'eût jamais produit que de mauvais effets. Les hommes, ennemis des choses qu'ils savent leur être nuisibles, auroient bientôt proscrit cette boisson étrangère & l'auroient reléguée chez les peuples qui leur en avoient donné la connoissance, s'ils eussent observé qu'elle étoit toujours dangereuse. Mais d'un autre côté, si cette boisson étoit constamment salutaire, si elle étoit même indifférente à tous les tempé-

A

ramens, on ne verroit pas tant de gens déclamer contre elle, après en avoir été les plus zélés partifans. Combien d'Auteurs également favans & judicieux ne se font point encore récriés contre l'usage le plus modéré du Caffé ? Combien n'y en a-t-il pas qui l'ont mis au nombre de ces abus destructeurs qui dégradent sourdement la force de l'espèce humaine ? Les uns & les autres n'ont rien négligé pour deffiler les yeux du public, & lui faire voir qu'il s'étoit aveuglé sur son plus grand intérêt, en se rendant sourd à la voix de la droite raison, pour n'écouter que celle de son goût dominant.

Ce conflit d'opinions discordantes semble n'avoir fait qu'une impreffion passagère sur le public ; il est encore à se décider sur le parti qu'il doit prendre, & dans l'entretems, il continue l'usage de la liqueur attrayante que tant de bouches ont préconisée. L'ascendant que doit avoir sur un particulier le cri de toute une nation, m'a presque fait croire qu'on avoit poussé trop loin le doute qu'on a formé sur les propriétés du Caffé ; mais la réflexion m'a convaincu que la boiffon qu'on prépare avec ces fèves étrangères, ne doit point être mife dans la classe des choses indifférentes, c'est-à-dire, qu'elle ne peut être regardée sous ce point de vue à l'égard de tous les tempéramens. Cette façon de penser est affez modérée pour qu'on me la passe ; & comme je me propose de ne la développer qu'avec la plus grande impartialité, j'espère de faire sentir à mes concitoyens combien leur aveugle passion pour le Caffé est préjudiciable à la plupart d'entr'eux.

Je ne veux rien cacher de ce qui a été dit pour ou contre ces semences dont l'usage est si répandu ; & pour m'acquitter pleinement de ce devoir indispensable à tout Ecrivain sincère, je vais passer en revue les opinions des hommes célèbres qui ont parlé contradictoirement de leurs effets.

Si d'une part je prête l'oreille à la voix de ceux qui ont étudié la structure du corps humain, l'économie de ses fonctions, l'influence que les plantes profitables ou nuisibles ont sur le méchanisme qui les entretient, j'entends plusieurs d'entr'eux condamner nettement l'usage du Caffé, & les autres recommander de ne s'y livrer qu'avec la plus grande modération. Ils en ont donc senti le danger.

Mais lorsque je vois cette boisson hautement préconisée par des hommes également respectables, je ne puis me cacher qu'il faut qu'elle ait de grandes qualités en bien comme en mal, pour diviser ainsi les esprits.

Si d'abord l'on fait attention, qu'il faut un motif pour tirer les fèves de Caffé des climats fort éloignés ; pour que mille bras, pour que la terre & l'onde soient occupés à nous en transmettre d'immenses provisions ; pour qu'on n'épargne ni soins ni dépenses dans la préparation d'une liqueur que toutes les nations ont trouvée délicieuse ; on est presque tenté de croire que ce motif n'est autre, que la persuasion où l'on est que cette même liqueur est généralement utile & salutaire. Pourroit-on en douter, après que ses partisans ont établi en principe que les propriétés principales du Caffé dépendent d'un extrait gommeux impregné de parties huileuses, fixes & volatiles, sensibles à la vue & au goût, qui se dégagent des semences qu'on fait rôtir, & qui se combinent avec l'eau, pendant l'infusion ou la décoction. Suivant eux, le Caffé tient de la vertu délayante de l'eau chaude, possède les qualités émollientes & modérément nourrissantes des substances farineuses, aiguillonne les fibres & réveille les esprits animaux par son activité volatile, contient un savon naturel, résultant de l'union de ses molécules huileuses & salines, dont la propriété résolutive & détersive se communique à la masse du sang au moyen de l'eau qui en est chargée. Et delà ils concluent que le Caffé fortifie l'estomac, anime, favorise & accélere la coction des alimens, appaise la chaleur qui accompagne l'indigestion, aiguise l'esprit, chasse la mélancholie, éloigne le sommeil, dissout les humeurs épaisses, contribue à l'apparition des regles, fait couler les urines, rend le ventre plus libre, augmente le mouvement intestin du sang, dissipe les maux de tête qui naissent de la congestion de ce liquide, & contribue à le détourner vers les parties inférieures & les moins nobles.

Je ne m'attacherai point à diſtinguer ce qu'il y a de vrai d'avec ce qu'il y a de faux dans ces aſſertions. Les Auteurs les plus modérés dans l'éloge qu'ils font du Caffé, en diſent aſſez de bien, ſans qu'il ſoit néceſſaire de recourir à l'exagération. Philippe-Sylveſtre Dufour, Marchand Droguiſte de Lyon, à qui Jacques Spon, Médecin de la même ville, communiquoit ſes lumières & prêtoit ſa plume, dit que ces fèves étrangères fortifient l'eſtomac, deſſèchent les humidités du corps, qu'elles ſont apéritives, qu'elles rabattent les vapeurs qui montent au cerveau, éveillent, & produiſent quantité d'autres bons effets.

Proſper Alpini attribue au Caffé une vertu déſobſtruante. George Baglivi, Médecin de Rome, le regarde comme un ſecret infaillible pour diſſiper cette eſpèce de mal de tête qui vient du défaut de digeſtion & qui ſe fait ſentir quelques heures après le dîner.

Nicolas Lefevre, ce Chymiſte François qui a fourni tant de corps à l'analyſe, ne doute point que le ſel volatil du Caffé ne ſoit propre à lever les obſtructions du cerveau, à deſſécher l'humidité ſuperflue de cet organe, à rétablir l'élaſticité de ſes membranes & de ſes vaiſſeaux affoiblis. Preſque tous ceux qui ont vanté l'uſage de la boiſſon qu'on prépare avec les ſemences du Caffier, ont tenu un pareil langage, ſans trop réfléchir que les choſes même les meilleures ne ſont pas telles pour tous les individus. On pourroit avoir eu quelque raison de dire que le Caffé convient, en certains tems, aux personnes réplètes, & à celles dont les liquides épaissis par la stagnation circulent trop lentement. Mais toutes les personnes qui font un usage journalier du Caffé, font-elles dans l'un ou l'autre de ces cas ? Celles que la maigreur défigure, que la bile échauffe, que la dissolution ou l'acrimonie des humeurs incommode, que l'Hypochondriacisme ou l'Hystéricisme tourmente, peuvent-elles impunément se livrer à cette boisson ? Les femmes qui font sujettes à faire de fausses couches, celles qui perdent trop par leurs regles, les femmes enceintes, les nourrices ; en général, les personnes qui ont le genre nerveux mobile & délicat, qui font hémorrhoïdaires, qui ont de la disposition aux hémorrhagies ou aux maladies cutanées, ne doivent-elles pas renoncer au Caffé pour toujours ? Oui sans doute ; & à ce compte, voilà que la moitié des habitans de nos Provinces est dans le cas de l'interdiction. Un penchant flatteur, contracté par l'habitude, les emporte, il est vrai, vers cette liqueur attrayante que leurs aïeux n'ont point connue ; mais les partisans du Caffé jouissent-ils de cette vigueur mâle qu'avoient leurs pères ? L'abus qu'on en fait a tellement altéré la force du peuple, que les maladies nerveuses lui font maintenant aussi familières qu'aux personnes élevées dans la mollesse & l'opulence. Jusqu'aux femmes de la classe la plus inférieure de la société, elles font attaquées de vapeurs, elles dépériffent par les pertes blanches, fans qu'on puiffe attribuer ces maux à autre chofe qu'à l'ufage habituel & exceffif du Caffé, à qui on eft encore fondé à reprocher la fréquence des maladies bilieufes qui regnent de plus en plus dans nos contrées. On remarque que ces maladies ne ceffent prefque pas dans les villages où l'abus du Caffé eft encore plus grand que dans les villes, pendant que les cantons qui n'en font que peu d'ufage, font moins défolés par ce fléau qui emporte chaque année tant de monde à la campagne.

Ces défaftres ne préfentent rien d'étonnant; ils font les fuites néceffaires de l'abus qu'on condamne. En effet, l'ufage fréquent du Caffé occafionne la diffipation des parties les plus fpiritueufes du fang, jette les fulfureufes en diffolution, développe l'acreté des falines, & les met toutes en trouble & en mouvement. Doit-on s'étonner après cela de voir les complexions les plus fortes fe détériorer, & le nombre des délicates accroître fenfiblement chaque année? Il eft vrai que l'excès du Caffé n'eft pas le feul qu'on foit en droit de reprocher à notre fiècle; la dépravation des mœurs en eft un autre qui amoindrit la conftitution de l'efpèce humaine, & qui ne tardera pas à nous donner des vieillards de trente ans.

Les éloges qu'on a faits du Caffé n'ont pu manquer d'être bien reçus du public; le goût qu'il avoit pris à cette liqueur l'en avoit rendu

lui même le panégyriste. Une forte d'enthou-
fiafme pour les inventions nouvelles a toujours
fait marcher l'illufion à côté du jugement
que les hommes en ont porté dans les premiers momens. Il a fallu du tems pour dif-
fiper cette illufion, & pour rendre les oreil-
les attentives à la voix de la vérité. On s'eft
d'abord paffionné pour le Caffé dans les pays
où l'ufage de cette boiffon s'étoit introduit :
tout le monde en appella à fon goût, & ce fut
fur lui qu'on appuya la preuve des merveil-
leux effets qu'on lui attribuoit. Prévenus par
la folle & dangereufe maxime qui féduit au
point de croire que ce qu'on aime ne fait pas
de mal, les hommes furent long-tems fans
s'appercevoir du tort que le Caffé caufoit à
leur fanté. Il a fallu que des Médecins éle-
vaffent la voix pour détromper le public, &
lui faire fentir qu'une chofe, fût-elle bonne
par fa nature, devient toujours mauvaife, lorf-
qu'on ne diftingue point les cas & les cir-
conftances qui en interdifent l'ufage.

Willis, ce célèbre Praticien de Londres,
mort dans cette ville en 1675, n'a pas con-
tefté que le Caffé pouvoit être utile dans le
traitement de certaines maladies de la tête ;
mais il a ajouté que ce n'étoit qu'aux perfonnes d'une conftitution froide, dont le
fang eft aqueux, le cerveau trop humide, &
chez qui le mouvement des efprits eft foible
& languiffant. Il a défendu cette boiffon à
celles qui font maigres, d'un tempérament
bilieux ou mélancholique, dont le fang eft

foupçonné d'acrimonie, dont le cerveau eft
difpofé aux engorgemens & le fyftême nerveux trop fenfible.

Hoffmann, favant Médecin & Profeffeur
qui s'eft diftingué à Hall en Saxe jufques
vers le milieu de ce fiècle, dit que bien des
gens ont peine à croire que le Caffé foit
préjudiciable à la fanté, parce que non feulement les Turcs, mais encore les Allemands,
ont coutume d'en boire copieufement tous
les matins & immédiatement après les repas.
On a cependant, ajoute ce véridique Auteur, tant de preuves des effets pernicieux
dont cette coutume eft fuivie, qu'on ne peut
plus douter que l'ufage fréquent & immodéré
de cette liqueur ne foit extrêmement nuifible
aux perfonnes foibles, fur-tout aux femmes
qu'il jette dans une telle mobilité de nerfs,
que l'accouchement ou la plus légère maladie
les fait tomber en langueur, & les rend incapables de furmonter les fymptômes dont
elles font affligées. Je connois, pourfuit-il,
quantité de gens à qui l'abus du Caffé a caufé
un tremblement de mains; il en a précipité
d'autres dans une infomnie obftinée, a même
affoibli leurs fens; car le Caffé, ainfi que
toute efpèce de fèves torréfiées, contient une
huile qui bien loin d'être balfamique & falutaire, eft manifeftement nuifible au genre
nerveux qu'elle prive bientôt de fa force &
de fa vigueur.

Fréderic Slare, Membre du Collège Royal
des Médecins de Londres, s'étoit pris de

paſſion pour le Caffé ; il en fit un uſage habituel qui le flatta d'autant plus, qu'il ne
tarda pas à s'appercevoir que l'étude lui étoit
moins pénible , & qu'il en tiroit des fruits con-
formes à ſon goût pour les ſciences. Mais ce
qu'il gagna du côté de l'aptitude aux opéra-
tions de l'eſprit , altéra ſi grandement ſa
ſanté, qu'il tomba enfin dans une paralyſie
dont il ne put ſe guérir , qu'en abandonnant
la boiſſon qui avoit fait les délices de ſa vie
juſqu'à cette fatale époque. Cet Auteur rapporte lui-même l'hiſtoire de ſa maladie dans
l'Epitre qu'il a miſe à la tête de ſon Apo-
logie du ſucre , qui parut en Anglois en 1715.

Suivant Tiſſot, c'eſt au tems de l'introduction du Thé & du Caffé en Europe qu'il
faut rapporter la propagation & l'accroiſſe-
ment des maladies nerveuſes qui déſolent un ſi
grand nombre de ſes habitans. La plupart des
femmes & des hommes qui en ſont atteints , ne
peuvent prendre la moindre doſe de Caffé ,
ſans éprouver une agitation générale , des pal-
pitations de cœur & quelquefois une triſteſſe
profonde , même un vrai déſeſpoir ; effet dia-
métralement oppoſé à celui que reſſentent les
perſonnes mieux conſtituées , lorſqu'elles ont
recours à cette liqueur après le repas. Le
Caffé aide alors l'eſtomac à ſe débarraſſer
plus promptement du travail de la digeſtion ;
il diſſipe la peſanteur, l'engourdiſſement, le
mal-aiſe , l'eſpèce d'ennui qui en eſt la ſuite.
On ne doit cependant point ſe laiſſer ſéduire
par l'apparence de ces avantages & ſe livrer,

fous ce prétexte, à fon goût pour le Caffé.
Le parti le plus fage eft de mettre dans fon
dîner toute la frugalité que l'état de l'eftomac exige. Si l'on prend foin de ne le
point furcharger au delà de fes forces, la
digeftion ne fera pas laborieufe ; & comme
la nature fe fuffira à elle-même, les fecours
étrangers lui deviendront inutiles. La fanté
eft un bien affez précieux pour l'acheter au
prix de cette privation. Qu'on y prenne
garde, on pourroit citer l'exemple de quantité de gens qui ne fe font accoutumés à l'u-
fage du Caffé, qu'en vue d'aider leur eftomac fenfuel ou famélique dans le travail de
la digeftion, & que cette liqueur a jetté dans
des fpafmes dangereux, dans des coliques
cruelles, dans la trifteffe, & enfin dans une
telle mobilité de nerfs, que la plus petite
caufe morale ou phyfique leur donnoit un
étourdiffement effrayant, qui fe terminoit
quelquefois par des évanouiffemens con-
vulfifs.

Le célèbre Tiffot ne fe borne point à ce
que je viens de tranfcrire d'après ce qu'il
dit dans fon Traité des nerfs & de leurs
maladies. Ce Médecin s'élève avec la même
force contre l'abus du Caffé dans fa differ-
tation latine fur la fanté des Gens de Lettres.
Il y fait d'abord la fortie la plus vive contre le Thé qu'il n'aime pas, & n'épargne
guère davantage le Caffé dans la fuite du
difcours. Selon lui, la propriété irritante du
dernier affoiblit la vigueur du tempérament,

parce que la nature n'en peut supporter long-
tems l'action, sans tomber dans une sorte
d'anéantissement dangereux qui conduit enfin à la langueur & à la mort. Tel est le
progrès & la suite des maladies nerveuses,
lorsqu'on s'opiniâtre à faire usage des choses
qui amoindrissent la force de nos organes
les plus sensibles. Ce principe posé par Tissot
est incontestable, & c'est sur lui que cet
Auteur se fonde pour condamner la coutume de prendre journellement du Caffé; il
en relègue sagement les fèves dans les boutiques des Apothicaires, & veut qu'on ne
les en tire que pour servir de remède dans
la pratique de la Médecine. Il n'a pas de
peine à convenir que le Caffé pris, avec
précaution, réjouit le cœur, décharge l'estomac de la pituite qui l'incommode, rend la
tête plus saine, donne de la gaieté à l'esprit
& même de la pénétration; mais il prévient
les Gens de Lettres que c'est trop risquer que
d'acheter cette pénétration au prix de leur
santé. Le desir de multiplier leurs connoissances les engage quelquefois à se livrer à
de profondes études pendant le silence de la
nuit. L'esprit fatigué par le travail du jour
s'appesantit sur les livres; on cherche à l'ai-
guiser, & pour lutter plus efficacement contre les dispositions au sommeil qui l'engour-
dissent encore, on a recours au Caffé, &
l'on se félicite d'en avoir tiré plus d'aptitude
au développement des idées. N'est-ce pas
s'exposer à un danger évident, pour courir

après un avantage souvent incertain ? Ne peut-on avoir de l'esprit sans prendre du Caffé ? Homère, Thucidide, Platon, Xénophon, Lucrece, Virgile, Ovide, Horace, Pétrone en prenoient-ils ? Cependant les Anciens nous surpassoient autant par la sublimité du génie, que nous les surpassons par les connoissances expérimentales que nous avons acquises dans la Physique.

Van Swieten ne se récrie pas moins contre l'usage de prendre plusieurs fois le jour, tantôt du Thé, tantôt du Caffé ; il avoit été bien à même d'en observer les suites funestes pendant son séjour en Hollande, où cette coutume abusive est si répandue, sur-tout parmi les personnes du sexe. C'est de ce régime qu'il tire les raisons qui rendent aujourd'hui, dans tous les pays qui l'ont adopté, les pâles couleurs si communes, les fleurs blanches si rebelles au traitement le plus méthodique, l'avortement si fréquent, les couches si mauvaises, les affections nerveuses si générales, &c.

Un Professeur de la Faculté de Médecine d'Avignon (M. Calvet) proposa, en 1762, la question si l'usage journalier du Caffé est capable de nuire à la santé & d'abréger la vie ? Il se décide pour l'affirmative dans la plupart des cas ; il se récrie même avec tant de force contre l'abus de cette liqueur asiatique, qu'il ne balance point d'appliquer au Caffier les malédictions qu'Horace a lancées, dans la dixième

Ode du second Livre, contre l'arbre dont il avoit pensé être écrasé :

Ille & nefastô te posuit die

Quicumque primùm, & sacrilegâ manu

Produxit, arbos, in nepotum

Perniciem, opprobriumque pagi.

C'est-à-dire, quelque soit celui qui t'a planté, arbre maudit, il l'a fait dans un jour malheureux & d'une main sacrilège, pour faire périr ses descendans & déshonorer le hameau.

L'expression est vive, mais M. Calvet n'y trouve rien de trop ; car il prétend qu'à l'exception de quelques circonstances particulières, l'usage habituel du Caffé ne peut être que très-nuisible, puisqu'en distendant & en dessêchant les parties solides du corps humain, en augmentant le mouvement & l'acrimonie de ses humeurs, en les épaississant par la dissipation de leurs principes les plus volatils, il doit nécessairement occasionner différentes maladies, conformément à la disposition du sujet, multiplier même le nombre de celles qui n'étoient si rares autrefois, que par la raison que la cause qui les rend fréquentes aujourd'hui, n'existoit point encore.

Voilà assez d'autorités pour & contre. Si l'on doute de quel côté la balance doit pancher, qu'on ait recours aux analyses qu'on à faites du Caffé, & comme leur réfultat n'eft guère favorable à cette liqueur, on ne tardera point à la condamner ouvertement. En effet, c'eft d'une huile qui a été rendue presque empyreumatique par la torréfaction, que vient en bonne partie le goût féduifant que les fèves communiquent à l'eau pendant l'infufion ou l'ébullition. L'extrait du Caffé qui eft chargé de cette huile n'a point de peine à fe diffoudre dans l'eau; & fi ce liquide reçoit encore dans fon fein la portion d'huile furabondante, c'eft que le fel des fèves la rend mifcible avec lui.

L'expérience fait voir que notre palais rebute bientôt les chofes qui n'ont qu'une faveur fade, & qu'il eft plus flatté par celles qui l'agacent fans trop l'irriter. Le beurre tout fimplement fondu n'a point un goût bien attrayant; nos organes s'y refufent à raifon de la monotonie des fenfations : mais lorfque le beurre eft plus ou moins bruni, il rend les fauces piquantes & varie les impreffions qu'elles font fur la langue. De même, la décoction de Caffé non brûlé n'engage perfonne à en continuer l'ufage, pendant que celle des fèves rôties fe fait fouhaiter par le parfum qui annonce les qualités relevées, dont fes partifans font leurs délices. J'ai comparé le beurre au Caffé, parce que l'un & l'autre contractent manifeftement une odeur d'empyreume, dès qu'ils font expofés à l'action d'un feu ou trop vif ou trop long-tems continué, & que cette odeur n'a

rien de difgracieux , quand on fait en ména-
ger la force par la graduation ou la durée
de l'agent qui change la nature de l'huile
de ces deux fubftances.

De tout ceci il eft aifé de conclure que
la torréfaction donne aux principes graiffeux
du Caffé une acrimonie qui flatte le goût ,
mais qui doit être mife au rang des chofes
qu'un long ufage ne peut manquer de rendre nuifibles. Cette raifon me paroît fuffifante pour défabufer les partifans de cette
boiffon , & leur faire voir que fi elle eft
quelquefois falutaire , l'habitude d'en prendre
tous les jours ne doit être que préjudiciable.
D'ailleurs , comme je n'ai rien caché des
bons effets qu'on attribue au Caffé , & que
j'en ai expofé les mauvais avec une impartialité d'autant plus équitable qu'elle eft
exempte de prévention , je ne crois pas
qu'il puiffe refter aucun doute fur la décifion
négative du premier membre de la queftion
propofée. Cette idée ne me raffure cependant point ; je crains d'avoir trop légèrement appuyé fur les preuves qui doivent
faire revenir mes compatriotes de leurs erreurs , & pour ce fujet je vais leur préfenter
la boiffon , dont ils font un fi grand ufage ,
fous trois rapports différens. Je la confidére-
rai comme agréable , comme utile & comme
pernicieufe , c'eft-à-dire , comme affai-
fonnement des repas , comme médica-
ment , comme une efpèce de poifon à
certains egards & pour certaines perfonnes.

nes. Que ce terme n'effraie point, ou plutôt qu'on ne s'imagine pas qu'on ne l'emploie que pour intimider. On appelle poifon, non feulement ce qui détruit tout-à-coup les principes de la vie; mais encore ce qui les altère, rallentit leur jeu, affoiblit leur méchanifme, en un mot, ce qui caufe un défordre dans l'économie animale & qui en trouble les fonctions. C'eft dans ce fens que les drogues trop échauffantes, que les médicamens pris fans précaution ou à contre-tems, les alimens même qui ont un principe trop actif peuvent être mis au rang des poifons lents, dont il ne faut ufer qu'avec la plus grande circonfpection.

On s'appercevra fans doute que je profite, depuis un moment, du travail d'un Auteur anonyme qui a publié, en 1774, un « Difcours familier fur le danger de l'ufage habituel du Caffë. » Oui j'aime à le fuivre dans le petit Ouvrage qu'il a donné; j'en fais volontiers l'aveu & je le rends public, ainfi que la reconnoiffance que je lui dois. Avançons.

Le Caffé, dit cet Auteur, devient fouvent falutaire aux perfonnes graffes & repletes, à ceux qui font expofés à fe trouver habituellement à de bonnes tables, à ceux dont la fobriété n'eft pas la vertu dominante; en un mot, à tous ceux dont le tempérament robufte eft à l'épreuve des liqueurs fpiritueufes, & en état de réfifter au choc des affaifonnemens les plus irritans. Pour tous

ceux-là, le Caffé est un complément du repas, une prolongation de plaisirs, un agent
subtil qui réveille leur esprit appesanti par
la surcharge de l'estomac, & qui dissipe les
vapeurs fuligineuses des vins & des autres
liqueurs qui ébranlent la fermeté de la tête.
On pourroit leur dire cependant que le
Caffé est pour eux un piège séduisant, qu'il
les trompe en les entretenant dans leur in-
tempérance journalière ; dont rien n'est capable de prévenir les mauvaises suites que
le changement de régime. Ne vaudroit-il
pas mieux faire chaque jour un repas frugal,
que d'être obligé d'emprunter des forces
étrangères pour réparer l'abus qu'on fait des
alimens ; ou pour en diminuer le danger ?
S'il étoit bien certain qu'on puisse toujours
obtenir ces effets, on risqueroit moins de
rendre la nature dépendante de l'art ; mais
comme elle perd indubitablement de son
activité, soit par les erreurs du régime, soit
par l'expédient auquel on a recours pour en
détourner les suites fâcheuses, on doit craindre l'avenir & s'assurer que le tems arrivera
où les ressources les plus efficaces seront im-
puissantes pour la rétablir. Cette affreuse
perspective ne devroit-elle pas dissiper l'illusion qui rend tant d'hommes esclaves de
l'habitude ? Les excès de table & les remè-
des qu'on croit y apporter, font vieillir une
infinité de gens avant l'âge, & les condui-
sent à la mort par de longues infirmités.

Voyons maintenant de quelle utilité peut

être le Caffé, & à quel titre on l'a rangé dans la claſſe des médicamens. Pour le conſidérer ſous ce point de vue, il eſt néceſſaire de paſſer encore à l'énumération des bons effets qu'on lui a attribués. Son uſage, dit-on, eſt propre à délaſſer les membres fatigués par des exercices laborieux, en reſtituant au ſang les eſprits dont il eſt trop dépourvu : il purge les reſtes des mauvais levains d'une digeſtion imparfaite : il ranime le jeu de la circulation : il rend aux nerfs relâchés une partie de leur reſſort, & produit comme artificiellement ce que la nature fait beaucoup mieux & plus conſtamment par elle-même dans ceux qui jouiſſent d'une ſanté parfaite : il diſſipe la diſpoſition aux affections ſoporeuſes qui eſt cauſée par le trop grand épaiſſiſſement des humeurs : il eſt utile aux tempéramens pituiteux, en corrigeant la froideur & la crudité des humeurs viſqueuſes : il rend à l'eſprit ſa gaieté, au corps ſon agilité, aux liquides leur légèreté, au ſuc nerveux ſa ſubtilité : il facilite la tranſpiration : il fait évaporer les humidités ſuperflues : il relève le ton d'un eſtomac refroidi & trop languiſſant, donne de l'activité aux digeſtions laborieuſes : il ſoutient les Gens de Lettres dans leurs études, pourvu qu'ils n'aient pas déja les nerfs attaqués.

On n'a que trop flatté la paſſion que la plupart des Hommes de Lettres ont pour le Caffé, en leur diſant que cette liqueur réveille les eſprits animaux, fait éclore les penlées, & met de l'ordre, de la clarté, de la netteté dans les idées. Si l'on en croit les louangeurs éternels du Caffé, c'est à lui qu'on doit le développement du génie & les admirables productions qui sortent de la tête des savans ; tels ouvrages, suivant eux, n'eussent jamais vu le jour sans l'usage familier de cette boisson. C'est elle encore qui donne de la véhémence aux Orateurs, de la force dans le discours, de l'élévation dans les pensées ; qui dissipe l'engourdissement de l'imagination, qui ranime la mémoire prête à s'éteindre.

Mais qu'on ne s'y trompe pas, le Caffé ne procure point toujours également les bons effets qu'on lui attribue ; il les produit plus sûrement en un tems qu'en un autre, par exemple, en hyver qu'en été ; dans un tems froid & humide, plutôt que dans un tems chaud & sec : plus parfaitement à l'égard de certaines constitutions, qu'à l'égard des autres : aussi convient-il mieux aux tempéramens froids & mélancholiques, qu'aux sanguins ; aux phlegmatiques, qu'aux bilieux ; aux personnes grasses, qu'à celles qui sont maigres ; aux gens sédentaires, qu'à ceux qui menent une vie active & qui sont toujours en mouvement ; à ceux qui s'adonnent aux travaux de l'esprit, qu'à ceux qui s'occupent aux exercices du corps ; aux personnes sérieuses ou dominées par le chagrin, qu'à celles qui sont gaies & qui jouissent de toute la sérénité dont l'homme est capable.

Il paroît par ce que l'on vient de dire, que si la facilité des fonctions de l'ame est relative à la conſtitution de nos organes ; ſi le jeu de ceux-ci dépend de la qualité du ſang, des humeurs & du fluide nerveux; ſi le bon état des parties liquides de notre corps & le reſſort des ſolides dépendent de la qualité des alimens & de leur parfaite digeſtion ; on peut aſſurer que le bon effet du Caffé dépend à ſon tour du plus ou du moins de diſpoſition favorable qu'il trouve, ſoit dans notre individu & dans notre régime, ſoit dans la température de l'air que nous reſpirons, ſoit par rapport à nos paſſions & aux fonctions de notre état. Si donc le Caffé rencontre en nous, ou dans les circonſtances auxquelles nous ſommes expoſés, des obſtacles invincibles aux effets ſalutaires qu'il devroit produire, des diſpoſitions qui en interdiſent abſolument l'uſage ; alors il change de nature à notre égard, toutes ſes bonnes qualités diſparoiſſent, & participant à notre dépravation naturelle, il aggrave certaines maladies ou les fait naître, redouble leurs accès, & les rend incurables. Tout au moins, s'il ne nous eſt pas profitable, il nous ſera nuiſible, parce que dans les cas poſés il ne peut être indifférent.

De tout cela il s'enſuit évidemment qu'il importe d'avoir la plus grande circonſpection dans l'uſage du Caffé, à cauſe des effets funeſtes qu'il peut produire & qu'il ne produit que trop ſouvent. D'ailleurs, il y a beaucoup à rabattre ſur les avantages qu'on lui attribue ; pour quelques individus privilégiés à qui il ne fait ni bien ni mal, il y en a tant

d'autres dont il empoifonne les jours par un
aſſemblage d'infirmités , que le parti le plus
ſûr eſt de renoncer à cette liqueur. Toute
utile qu'elle puiſſe être à certains égards , il
y a tant de circonſtances critiques qu'il faut
ſavoir démêler pour ſe conduire ſagement ,
qu'on ne peut mettre en doute que l'habitude
ſi répandue de prendre journellement du
Caffé , ne ſoit un vrai abus , qui doit preſque
exclure ces fèves de la claſſe des choſes qu'on
peut employer comme remède en certaines
occaſions , à moins que les perſonnes ſen-
ſées ne veuillent conſentir à conſulter leur Médecin ſur cet article , comme elles le font ſur
tant d'autres qui ne ſont point auſſi importans.

Je ſuis toujours l'Auteur du « Diſcours
familier , » mais en me permettant de mêler
quelquefois mes idées avec les ſiennes. Me
voilà enfin parvenu à l'endroit où cet Ecrivain conſidère le Caffé comme nuiſible , &
je ne balance pas d'aſſûrer , avec lui ,
qu'il eſt un poiſon lent à bien des égards ,
tantôt en vertu de ſes qualités intrinſèques peu
ménagées & mal appliquées , tantôt à raiſon
de l'oppoſition formelle que certains tempéramens mettent à ſon uſage.

On a déja dit que les tempéramens aux-
quels le Caffé ne convient pas , ſont les
ſanguins , en qui le ſang excité par une trop
grande efferveſcence , ſe porte violemment
au cerveau ; ceux qu'une bile ardente & al-
lumée diſpoſe aux inſomnies , à l'inflammation ; les colériques dont il augmente l'im-

pétuofité ; ceux qui font travaillés par de vives paffions, qui fe livrent à la molleffe & font fufceptibles de volupté ; ceux qui font énervés par un travail d'efprit long & opiniâtre ; enfin , ceux qu'une imagination trop exaltée femble menacer d'accès de délire ou de folie.

Quant à fes qualités intrinsèques , le Caffé étant par lui-même irritant , échauffant & deffticatif , s'il trouve trop peu d'humidité dans le corps , il augmentera la fécherelle de fa conftitution , l'érétifme des folides , la rigidité des fibres , l'épuifement de la lymphe. Dans un fang déja defféché , il occafionnera peu à peu une inflammation générale. Daas tel fujet , il augmentera les obftructions déja formées ; dans celui-ci , il tarira la fource des fucs nourriciers qui commençoient à éprouver quelqu'épuifement ; dans celui-là , il irritera la poitrine & il y excitera une toux convulfive ; ici, il caufera des fpafmes dangereux : là , il troublera les fécrétions : en un mot, rien n'eft plus propre que lui à ouvrir la porte aux affections nerveufes.

Ce qui doit mettre une réferve bien grande dans l'ufage du Caffé, c'eft qu'il eft tellement fingulier dans fes effets, que les mauvais marchent à côté des bons , & que la ligne qui les fépare eft quelquefois imperceptible. Il augmente la tranfpiration ; mais il la pouffe à tel excès pendant les chaleurs , qu'en occafionnant une trop grande évaporation des parties aqueufes , fulfureufes & fubtiles du fang, il en diminue la fluidité & le difpofe aux engorgemens. Il ranime les efprits animaux, il facilite le travail des Gens de Lettres ; mais il les met dans le cas de faire une dépenfe fi ruineufe de ces mêmes efprits, qu'il leur fait fouvent payer bien cher leur courte jouiffance. Il relève le ton des nerfs & de l'eftomac ; mais il jette ces organes dans la crifpation, fur-tout chez ceux qui, par l'inconduite de leur jeuneffe en bien ou en mal, ont contracté une foibleffe habituelle dans le genre nerveux. Il augmente le reffort des parties folides ; mais il nuit aux perfonnes qui font tombées dans l'irritabilité par de grandes études ou de longues contentions : femblables à un arc qui fe relâche & perd fon reffort, parce qu'il a été trop tendu, ces parties perdent d'autant plus de leur élafticité, que l'ufage habituel du Caffé en diminue journellement la force par la continuité de fes effets. Cette liqueur nuit encore à ceux en qui des digeftions imparfaites & fouvent réitérées ont formé des congeftions de mauvais fucs dans les vifcères, à moins qu'on n'ait auparavant détruit cette caufe de maladie, & qu'on ait rétabli les organes dans leur état naturel. Elle nuit également à ceux dont la bile ardente eft le germe des paffions orageufes qui troublent la férénité de l'efprit ; à ceux dont la chaleur interne caufe des concrétions dans les humeurs, en développe les principes acrimonieux, ou deffèche les parties folides contre le vœu de la nature qui les voudroit souples & flexibles.

Dans les enfans, le Caffé épuise, pervertit les sucs nourriciers, & nuit ainsi aux progrès de la croissance. Dans la jeunesse, il peut agiter l'ame & réveiller des sensations d'autant plus dangereuses, que l'inexpérience de l'homme, dans ce printems de la vie, ne le rend que trop aisément esclave des sens. Dans l'âge mûr, où les soins de la fortune & l'embarras des affaires tiennent l'esprit toujours en haleine, il cause souvent de grandes insomnies, empêche conséquemment de réparer, par le repos de la nuit, les pertes occasionnées par les travaux du jour. Dans la vieillesse, il augmente quelquefois la consomption de la rosée gélatineuse qui éloigne le desséchement ; & il précipite l'extinction de la chaleur naturelle à force de la réveiller. Il peut donc nuire à tout âge, & n'est proprement nécessaire à aucun.

Mais consultons l'expérience, qui en ce genre est le guide le plus sûr, & voyons quelles preuves on peut en tirer en faveur ou au désavantage du Caffé. Si l'on considère le monde depuis la durée de son existence, n'est-on pas en droit de demander si les hommes vivoient moins, lorsqu'ils ignoroient l'usage de cette liqueur ? S'ils étoient moins robustes ? Si depuis que cet usage est devenu familier, ils ont trouvé le secret de prolonger leurs jours ? S'ils sont plus exempts d'infirmités ? On voit au contraire que depuis l'invention du Caffé, & sur-tout depuis que les nations de l'Europe en abusent, l'espèce humaine va en dépérissant dans cette partie du globe ; que la force des générations passées étoit déja languissante ; que celle des générations présentes l'est encore plus, & que le peu de vigueur de leur consistence présage ouvertement la détérioration future du tempérament de nos neveux.

Partageons le genre humain en deux classes, les preneurs de Caffé, & ceux qui n'en font point usage. Celle-ci n'est guère nombreuse dans notre Province, pendant que celle-là est on ne peut plus étendue par l'accroissement qu'elle a pris depuis le milieu de ce siècle. La première est composée de gens au-dessus du commun, de ceux qui le plus souvent joignent les lumières de l'esprit à une éducation cultivée ; & l'on remarque que les maux de nerfs qui règnent parmi eux, font partie de l'apanage maladif que leurs pères leur ont transmis & qu'ils ont augmenté par un régime contraire à leur foible constitution. Mais comme cette classe s'est renforcée par le plus grand nombre des bourgeois, par une foule d'artisans, par les gens de la lie du peuple, par une multitude considérable de cultivateurs & d'autres habitans de la campagne, les maladies nerveuses se sont répandues dans toutes ces conditions. Il n'est pas jusqu'aux femmes du plus bas étage qui ne soient attaquées de vapeurs par l'abus qu'elles font du Caffé, & l'on

eſt preſque tenté de rire en les voyant jouer
le rôle des vaporeuſes ſous les haillons che-
riſs qui les couvrent. Les hommes ne ſont
point exempts de ces attaques nerveuſes; il
ne manqueroit à la plupart d'entr'eux que
d'être mis dans un lit, la tête en cornette,
pour tromper les ſpectateurs qui les croiroient
femmes, tant ils leur reſſemblent par leurs
grimaces minaudières. Lorſque nos livres de
Médecine étoient annoncés ſous le titre de
» Traité de vapeurs, » il ne s'agiſſoit ci-devant que du traitement de celles des femmes; aujourd'hui on ne rempliroit ſa tâche
qu'à demi, ſi l'Ouvrage n'étoit point inti-
tulé: » Traité des vapeurs des deux ſexes, »
& ſi l'on n'y prenoit point en conſidération
la cure qui convient à l'un & à l'autre.

Ceux qui ignorent l'uſage du Caffé ou
qui ſavent s'en paſſer, ne ſont guère expoſés à cette foule de ſymptômes que les
maladies nerveuſes entraînent après elles.
Forts & robuſtes, ils ſont en état de ſupporter le travail du corps & de ſe plonger
dans les méditations les plus contentieuſes;
ſains de corps & d'eſprit, ils ne connoiſſent
d'autres maladies que celles qui dépendent
de la miſérable condition de notre nature,
& qu'il n'eſt pas donné à l'homme d'éviter,
malgré le régime le plus circonſpect; vigoureux dans le plein de l'âge, ils voient
arriver la vieilleſſe ſans s'appercevoir du
poids des années, ſans même éprouver les
maux qui ſont le partage ordinaire de celle

dont on a épuisé les reſſources par anticipa-
tion. L'abus du Caffé contribue non ſeule-
ment à la perte de cette vigueur qui eſt la
compagne inſéparable de la bonne ſanté ;
il contribue encore à procurer à ſes partiſans une vieilleſſe prématurée, puiſqu'il précipite le deſſéchement des parties ſolides,
& que c'eſt de lui que viennent les infirmités qui en ſont les ſuites néceſſaires.

S'il n'eſt pas toujours vrai que ceux qui
s'abſtiennent de Caffé ſoient dans l'état qu'on
vient de peindre, il eſt preſque démontré
par l'expérience que les amateurs paſſionnés
de cette liqueur ſont délicats, infirmes, ſujets au tremblement, aux maladies nerveuſes, aux embarras du bas-ventre : donc ſi le
Caffé ne détruit pas en nous les principes
de la vie, il y conſume peu à peu ceux de
la vigueur, & en attaquant les eſprits animaux, la ſubſtance même des nerfs, il rend
inutiles à la ſociété ceux qui en devroient
être le ſoutien & l'appui. En effet, ſi l'on
permettoit aux ſoldats de s'énerver par cer
agréable breuvage, auroient-ils la force de
ſupporter le poids de leurs armes ou la fati-
que des exercices & des marches ? Quels
ſecours la patrie pourroit-elle tirer de pareil-
les troupes, qui ne ſeroient propres qu'à ſe
livrer à la diſcrétion de l'ennemi & à devenir la proie du vainqueur ?

Si le corps des artiſans & de tous ceux
qui exercent des profeſſions laborieuſes n'é-
toit de même compoſé que de délicats ac-

coutumés au Caffé, on verroit bientôt languir les arts, & les atteliers convertis en autant d'efpèces d'hôpitaux. Il faudroit inventer de nouveaux moyens de fubfiftance fans fatigue, fe procurer les commodités de la vie fans fe déplacer, & priver ainfi le public des fecours néceffaires qu'il attend de cette claffe de citoyens.

Si dans l'état religieux, dont les exercices exigent autant de fanté que de courage, on adoptoit généralement l'ufage de cette liqueur, la plupart des fujets qui le compofent, fubjugués par l'habitude dont on fe défait fi difficilement, fe rendroient incapables des jeûnes & des autres auftérités qui fe pratiquent dans les cloîtres; il faudroit adoucir les règles monaftiques, & multiplier les infirmeries dans les couvents.

Si les Gens de Lettres, fi les hommes de génie, les beaux efprits, ufoient indifcrettement de Caffé dans l'efpérance d'animer & de faciliter leurs productions, ils ne tarderoient pas à s'appercevoir que c'eft aux dépens du corps qu'ils font venus à bout de mettre au jour ces penfées brillantes qui flattent leur amour propre. Si la claffe des dévots que le Caffé illumine, & dont il excite les vifs élancemens, les pieufes faillies, a recours trop fréquemment à ce don du Créateur pour fe fpiritualifer, il arrivera que les humeurs dénaturées, par la répétition de l'effervefcence qu'on y produit, ne pourront plus fuffire à l'entretien des fonc-

tions de l'économie animale. Des attaques
d'hypochondrie ébranleront toute la machi-
ne, le corps tombera dans l'affaissement, &
l'esprit dans cette imbécillité humiliante qui
amène après elle la petitesse de sentimens
& de manières.

Les gens oisifs qui cherchent un agréable
passe-tems dans le Caffé, qui vont se ré-
créer dans les maisons, où on le vend, par
le plaisir d'une conversation enjouée, qui
s'y égaient aux dépens d'autrui par des propos licentieux ou médifans, doivent se mé-
fier de cette liqueur, s'ils ont l'esprit alerte
& bouillant. Elle fait quelquefois dégénérer
en disputes vives & opiniâtres des conver-
sations où l'on ne s'étoit engagé que par
amusement; car comme elle subtilise les
idées, elle fait naître la confiance en ses
propres lumières & l'attachement à son propre sens; ce qui porte souvent les hommes
de cette trempe à finir leur controverse par
se quereller.

Ce détail fait assez voir que la somme
des maux que le Caffé cause, l'emporte sur
celle des avantages qu'il procure; mais ne
faut-il pas encore la plus grande circonspec-
tion dans son usage, pour réaliser ces avantages que les plus petites fautes rendent
toujours incertains ? Les qualités bienfaisantes
de cette boisson nous font illusion dans bien
des circonstances & nous cachent le préci-
pice; ce sont des apparences trompeuses
qui nous replongent ensuite plus avant dans

le sentiment de nos misères. On croit dissiper la pesanteur de tête, mais on se jette dans le tremblement & les vapeurs; on augmente pendant quelque tems ses sensations, mais on en détruit peu à peu le principe; on s'imagine avoir trouvé le secret de guérir ses maladies, mais on en perpétue la source au point de les rendre incurables.

Rien n'est donc plus juste que de conclure & plus important que de se persuader que l'usage habituel & trop familier du Caffé nuit à la majeure partie des hommes. Chez les uns, il énerve le corps, il affoiblit l'esprit qu'il rend à la longue incapable de toute application; chez les autres, il émousse le sentiment, rend l'ame paresseuse & inhabile aux actes surnaturels de la vie intérieure; chez ceux-ci, après avoir ranimé l'esprit pendant quelques années aux dépens des fonctions animales, il rend enfin le corps hypochondriaque, les facultés languissantes, l'ame trop dépendante de son enveloppe; chez ceux-là, il devient une source féconde de maladies; il consume & détruit insensiblement la force de leurs organes toujours agités, en pervertit le méchanisme, ouvre la porte aux maux de nerfs, à l'apoplexie, à la paralysie, aux convulsions. Tristes exemples qui devroient apprendre à ceux qui sont sages, à ne point sacrifier leurs plus chers intérêts à la légère satisfaction qui se trouve dans l'habitude de ce qui n'est pour l'homme qu'un agréable poison.

Je ne crois pas qu'on puiſſe me reprocher d'avoir précipité mon jugement, & de m'être attaché, ſans raiſon, à rendre ou à développer les ſentimens de l'Auteur que j'ai pris pour guide depuis que j'en ai fait l'aveu. Si j'ai laiſſé en arriere ſes expreſſions les plus fortes & les plus tranchantes, ce n'eſt pas que je les aie trouvé déplacées; mais comme mon unique objet étoit de convaincre le public du tort qu'il ſe fait par l'abus du Caffé, j'ai paſſé ſur les termes qui auroient pu indiſpoſer contre moi la portion de ce public, qui toute reſpectable & exemplaire qu'elle ſoit, n'eſt pas toujours la moins inclinée à ſe piquer, lorſqu'on lui met ſous les yeux la vérité ſans déguiſement.

Après avoir examiné la queſtion du côté du bien ou du mal que l'uſage habituel du Caffé peut faire à la ſanté de ſes partiſans, paſſons au ſecond membre de cette queſtion, & voyons ſi le même uſage peut ſe concilier avec les intérêts de l'Etat dans les Provinces Belgiques.

Certains Auteurs ont entrepris de prouver que l'habitude de prendre journellement & abondamment du Caffé, rendoit les hommes & les femmes inhabiles à la génération. M. de Saint Yon préſida en 1695, dans les Ecoles de la Faculté de Médecine de Paris, à une Theſe qui portoit en titre : « An ab immoderato potu decocti Caffé » ſterilitas ? » L'uſage immodéré du Caffé contribue-t il à la ſtérilité ? Et ſa concluſion

fut

fut affirmative. On fera cependant d'un tout autre fentiment, fi l'on fait attention que la plupart des pays de l'Europe ne font pas moins peuplés aujourd'hui qu'ils l'étoient avant que cette liqueur s'y fût introduite. On a beau citer des traits répandus dans les livres d'Hiftoire, pour prouver que le Caffé n'a que trop fouvent privé les hommes de la faculté de concourir à la reproduction de leurs femblables; ces traits ne font autre chofe que des anecdotes imaginées par de mauvais plaifans. Telle eft celle qu'on rapporte au fujet de l'impuiffance de Mahmud Kafnin, Roi de Perfe. Ce Prince, grand preneur de Caffé, étoit de la conftitution la plus froide. Sa femme vivement perfuadée que cette liqueur en étoit la caufe, voyant un jour de fa fenêtre un cheval entier qu'on alloit priver des marques les plus caractérif-tiques de fon fexe, dit à ceux qui condui-foient cet animal, qu'ils pouvoient fe dif-penfer de lui faire fouffrir une opération auffi cruelle, puifqu'en lui donnant du Caffé, on pourroit le rendre plus énervé que le Roi.

Quoique l'expérience foit contraire à l'o-pinion de ceux qui ont accufé le Caffé de jetter les hommes & les femmes dans la fté-rilité, il n'eft pas moins vrai que ce breu-vage contribue à la dépopulation, mais c'eft en affoibliffant les mères, & plus encore les enfans qu'elles mettent au monde. Des filles qui dépériffent par les vapeurs qui les tour-mentent, que les pertes blanches plongent dans la langueur en confumant les déplorables reftes de leurs forces, croient trouver dans le mariage un remède à de fi grands maux, & ne difcontinuent point l'ufage du Caffé qui en eft la caufe. Elles deviennent groffes; la pâleur acheve de défigurer leur vifage que tout l'art impofteur de la toilette réuffit à peine à rajeunir; le corps perd le peu d'embonpoint qui lui étoit demeuré, & s'exténue fenfiblement par le dégoût qui augmente de jour en jour la répugnance pour la nourriture; l'efprit agité par le trouble des paffions qui portent au chagrin, n'en eft que plus travaillé, lorfque la crainte de l'avenir affecte encore l'imagination : en un mot, le tems de la groffeffe eft un long martyre qui vient mettre le comble au dépériffement dont elles étoient déja ménacées avant les nôces. Les momens de joie paffagère qui avoient répandu une ombre de férénité fur les premières femaines de l'union conjugale, ne font point remplacés par la joie plus durable que devroit occafionner l'approche des couches, ainfi que l'attente d'un héritier après lequel il eft fi naturel d'afpirer. Le travail de l'accouchement fe déclare & l'on tremble, parce que la fenfibilité dépendante de la foibleffe des nerfs redouble bientôt les accès de vapeurs, amene le fpafme, quelquefois la convulfion, & prolongé ainfi la durée des efforts que la femme fait d'autant plus inutilement par intervalle, qu'elle y trouve un obftacle de la part des agens qui doivent les terminer. Comme dans cet état l'accouchement est néceſſairement laborieux, le calme qui ſuit les attaques nerveuſes ne donne pas toujours plus d'efficacité aux moyens qu'on emploie pour le conduire à ſa fin. La femme n'a plus la vigueur convenable pour aider la nature dans les circonſtances favorables qui ſe préſentent ; & delà il arrive que l'enfant foible lui-même, d'ailleurs mal nourri, trouve ſouvent la mort aux portes de la vie, ou nait ſans laiſſer beaucoup d'eſpérance qu'il jouiſſe long-tems de la lumière. D'autres maux viennent troubler le tems des couches qui ſe paſſe dans de nouvelles craintes. On plaint la femme d'avoir acheté la maternité à ſi haut prix ; & ſi le fruit qu'elle a donné ſubſiſte encore, on s'attriſte de voir qu'il ne ſoit qu'un avorton que les plus grands ſoins auront peine à fortifier.

Je ſuis éloigné de penſer que tel ſoit toujours le rôle de la groſſeſſe & des couches chez les mères de petite complexion, même chez celles qui ſont valétudinaires par tempérament ; on voit les unes & les autres mettre au monde des enfans bien portans, parce qu'ils ſont nourris de bons ſucs, & qu'un régime déplacé n'en a point altéré la conſiſtence naturelle. Mais les femmes qui abîment leur ſanté par l'abus du Caffé, rendent tout-à-la-fois & les liquides vicieux & les ſolides foibles & énervés. Dans cet état, elles ne peuvent guère contribuer à la popu-

lation , parce que l'extrême fenfibilité ner-
veufe dans laquelle elles fe jettent par l'u-
fage habituel de cette liqueur, eft un obftacle à la durée de la fécondité , & un plus
grand encore , foit à la confervation du produit de la conception , foit au prolongement
de l'exiftence du peu d'enfans qu'elles mettent au monde. Tout au moins , s'ils vivent
ces enfans , ils n'ont point cette conftitution
vigoureufe qui auroit donné l'efpérance de
les voir un jour utilement employés au
fervice de la Patrie.

L'Europe eft pleine d'enfans foibles , &
jamais on n'a tant écrit fur les moyens qui
peuvent les rendre plus forts : preuve certaine de la perfuafion où l'on eft qu'il eft
tems de veiller de plus près à la reftauration
de l'efpèce humaine qui fe dégrade. Au
milieu des Auteurs dont la plume s'eft exer-
cée fur cette matière , on remarque le Citoyen
de Genève qui a imaginé , ou plutôt re-
nouvellé , une méthode d'affermir la conftitution des enfans , en expofant leur corps
à toutes les viciffitudes de l'air par la légèreté
des habillemens , par la nudité de la tête :
les lotions ou les bains d'eau froide , font
encore employés à cet effet. Semblables aux
Athéniens nous ne voudrions que des enfans
forts & vigoureux , mais nous ne fongeons
point , comme eux , à éloigner des mères
tout ce qui peut altérer la bonté du tempérament. Plus reffemblans aux Spartiates qui
vouloient que les anciens de chaque tribu

viſitaſſent les enfans nouveaux nés , & fiſſent périr ceux qui étoient mal-ſains & mal conſtitués , nous expoſons au danger de mourir les enfans languiſſans & maladifs , parce que dans l'emploi des moyens accrédités par le ſyſtême d'éducation phyſique à la Jean-Jacques , nous ne diſtinguons point aſſez ceux à qui ils peuvent être nuiſibles. La méthode eſt bonne en elle-même , mais il faut que ſes vues ſoient bien dirigées ; ſans cela , on riſque de diminuer le nombre des enfans par une mort prématurée , ou de multiplier les infirmités du premier âge.

On a beau s'occuper des moyens qu'on croit propres à mettre dans l'enfance le germe de cette force qui doit donner à la nation des hommes robuſtes & d'une ſanté inaltérable par les intempéries de l'air. On n'atteindra point à ce but intéreſſant , & les ſoins qu'on prend ſeront pour la plupart du tems inutiles , tandis qu'on ne ſongera pas à rendre les mères plus ſaines & plus vigoureuſes par la réforme des abus qui dégradent leur conſtitution. Que peut-on attendre de ces femmes qui vivent dans la molleſſe & dans l'inaction , & dont le mauvais régime diminue encore la ſanté ? Des deſcendans d'autant plus miſérables du côté de la force de leur tempérament , que les pères n'ont ſouvent porté dans le lit nuptial que les reſtes languiſſans d'une jeuneſſe énervée par la débauche.

Ce que je dis ici , doit être appliqué à

toutes les conditions. Il est vrai que l'exercice & la frugalité entretiennent la vigueur de la classe inférieure du peuple ; mais elle est à la veille de perdre ce précieux avantage par l'abus du Caffé , infiniment plus grand dans cette classe que parmi les gens aisés ou opulens. J'ai déja parlé de l'état déplorable dans lequel se jette la portion des citoyens qui doivent gagner la vie à la sueur de leur front ; & pour le peu que cet état empire par la continuation de l'abus qui ne peut que le rendre plus funeste encore , les femmes du peuple ne donneront que des enfans délicats , incapables plus tard de supporter le poids du travail ou de servir le Souverain dans ses armées. Si même ces enfans , à l'imitation de ceux à qui ils doivent la vie , se livrent à l'usage habituel d'une boisson irritante qui détruit insensiblement le ressort des fibres , ils deviendront si foibles & si mous , que nos atteliers manqueront de bras , & la patrie de soldats d'un courage assez mâle pour prendre le parti de sa défense. Quelle affreuse perspective ! Nos Provinces ne seront plus alors peuplées que de sujets inutiles qui leur deviendront à charge , parce qu'ils n'auront d'autre ressource que dans la mendicité.

Laissons pour un moment l'énumération des effets que produit l'abus du Caffé , relativement à la délicatesse dont il menace tant d'individus , & voyons si le même abus n'a point d'influence sur la difficulté qu'ont au-

jourd'hui la plupart des mères à allaiter leurs
enfans. La nature leur en a fait un devoir,
& toutes les considérations physiques, mo-
rales & politiques se réunissent à exiger d'elles
de le remplir. Il n'est cependant que trop
commun de voir une infinité de femmes,
non seulement dans les classes les plus dis-
tinguées de la société, mais encore dans la
classe moyenne, qui manquent de lait après
leurs couches, & qui, malgré leurs desirs
& toute leur tendresse pour le fruit de
leurs entrailles, ne peuvent se charger
elles-mêmes du nourrissage. Il semble que
la Nature leur ayant donné des mammelles,
comme aux paysannes, elles devroient
avoir du lait pour s'acquitter de toutes les
fonctions de mères. Aussi se plaignent-elles
d'autant plus amèrement de cette privation,
qu'elles sentent combien est barbare la coutume d'abandonner leurs enfans au moment
de leur naissance, pour les mettre entre les
mains des nourrices mercénaires. Mais quelle
est la cause de ce manquement de lait? Je
ne voudrois pas l'attribuer uniquement au Caffé dont le sexe fait un usage si abusif; je suis
cependant tenté de croire qu'il y contribue.
Des femmes qui font passer journellement dans
leur sang des principes acrimonieux, dont
la masse est augmentée par un régime échauffant à bien d'autres égards; des femmes abî-
mées par des pertes blanches qui les jettent
dans un tel dépérissement des forces, qu'elles
ont peine à supporter le moindre exercice

fans en être excédées ; des femmes fujettes
aux affections nerveufes qui fuppofent beaucoup de délicateffe dans le tiffu des parties,
& par une fuite néceffaire, plus de dérangement encore dans les fécrétions ; de telles
femmes font-elles en état d'avoir du lait ou
d'en avoir affez pour nourrir leurs enfans ?
L'expérience prouve que non.

Mais on dira que les femmes du peuple,
celles de la campagne, allaitent leurs enfans,
quoiqu'elles prennent affez habituellement
du Caffé, & plufieurs même avec peu de
modération. Cela eft vrai, parce que l'abus
n'eft point de vieille date, & que le méchanifme n'eft point encore dérangé chez
elles au point de troubler l'ordre des fonctions qui préfide à la féparation des humeurs
dans leurs couloirs refpectifs. Si l'ufage pernicieux du Caffé continue à s'étendre dans
la claffe inférieure des habitans des villes &
parmi les villageois, il eft cependant bien
à craindre que les femmes de l'une & de
l'autre de ces conditions ne fe trouvent enfin
dans la dure néceffité d'élever leurs enfans
fans lait. Quelle nourriture alors pourra remplacer celle que ces innocentes créatures at-
tendent de leurs mères ? Des bouillies mal-
faines, des panades épaiffes, du lait de va-
che donné fans difcrétion, voilà toutes les ref-
fources qu'on emploiera pour fatisfaire les be-
foins que ces frêles machines ne peuvent déclarer que par leurs cris. Ce régime fi contraire à la conftitution des nouveaux-nés dé-

rangera l'ordre des digestions qu'il perver-
tira, ne produira que de mauvais sucs, suf-
citera des engouemens & des obstructions,
deviendra la cause formelle des coliques &
des attaques convulsives qui enlèvent tous
les jours tant d'enfans.

Pour le peu que l'abus du Caffé augmente
parmi les femmes du peuple & de la campagne, il n'est point douteux que le nombre des mères nourrices diminuera parmi
elles, que les mauvais alimens qu'on substi-
tuera au lait maternel feront périr beaucoup
d'enfans, & que la population en souffrira
un échec qu'il est autant nécessaire de pré-
voir que d'arrêter. J'ai déja parlé de la passion outrée des habitans des villes pour le
Caffé, & la preuve qu'elle gagne dans les
villages, c'est que dans la plupart on voit,
avec étonnement, des maisons destinées à
vendre publiquement cette liqueur toute pré-
parée. Ce sont de vrais Caffés, & pour que
rien n'y manque, on y trouve encore du
punch & des rossolis de différentes espèces.

Il est vrai que les mères dans la classe
inférieure du peuple des villes, & celles qui
sont le moins à l'aise dans les villages, ne
sont point réduites jusqu'ici à se voir sans
lait après leurs couches. Ce mal physique &
politique ne nous menace que de loin, parce
que l'exercice, le travail, la frugalité des
repas, le régime végétal, arrêtent & corri-
gent la tendance des humeurs à la dépravation, le dérangement de leur sécrétion, &

ne laiffent d'autre empire au Caffé que celui qu'il a fur les parties nerveufes, dont la délicateffe augmentée par degrés finit par cette mobilité maladive, qui eft le prélude du dépériffement des forces.

Après avoir examiné les fuites fâcheufes de l'abus du Caffé relativement aux enfans qui naîtront de pères & de mères affoiblis par cette boiffon; après avoir fait fentir combien on doit craindre que les générations futures ne foient compofées d'une infinité de fujets incapables d'employer fes bras au fervice de la fociété & de l'Etat; attachons-nous à ce qui regarde les Gens de Lettres & généralement tous ceux qui s'occupent du travail de l'efprit. L'ufage habituel du Caffé les expofe à tomber dans cette inutilité défolante qui eft fi contraire à leur goût pour l'application. Pleins de zèle pour s'acquitter des devoirs de la profeffion qu'ils ont embraffée, pleins de difpofitions pour enrichir le public de fruits ineftimables de leurs talens, ils fe voient arrêtés au milieu de leur brillante carrière par des vertiges, des étourdiffemens, des tremblemens de mains, des terreurs paniques, des accès de mélancholie; & ils ne fe doutent pas que c'eft à l'abus du Caffé qu'ils doivent attribuer tous ces maux. Ils fe trouvent bien d'abord de prendre cette liqueur qui femble vivifier leur efprit; mais dupes du remède féduifant qui devient poifon par la continuité de l'ufage, ils ne s'apperçoivent du tort qu'il leur fait, que lorsque le trouble eſt parvenu juſqu'à ébranler l'imagination & la jetter dans les preſtiges de l'hypochondrie. Je ne crains point de me ſoumettre au jugement des perſonnes qui ont été les victimes de leur goût pour le Caffé; je les prie d'être ſincères; à cette condition qu'elles parlent & qu'elles diſent ſi les ſymptômes avant-coureurs, dont je viens de faire l'énumération, n'ont point commencé à ſe déclarer avant même qu'elles ſoupçonnaſſent que cette liqueur en étoit la cauſe.

La perte ou l'inutilité des ſujets qui ſont faits pour ſervir l'Etat, chacun dans le genre de fonctions auxquelles la Providence les deſtine, eſt aſſurément le plus grand des maux politiques; mais l'excès de la dépenſe que le Caffé occaſionne, ſur-tout dans nos Provinces, en eſt un qui mérite bien de l'attention, à cauſe du vuide énorme qu'il fait dans le numéraire que les revenus des habitans ou leur induſtrie y font circuler. Si je jette un coup d'œil ſur ce qui ſe paſſe dans le conſeil des Maîtres de la terre, j'y vois cependant beaucoup d'indifférence ſur l'importation de ces fèves étrangères dans les pays ſoumis à leur empire. Quoique les droits modiques qu'on lève ſur l'entrée de cette marchandiſe preſque toujours inutile ou nuiſible à leurs ſujets, ne ſoient rien en comparaiſon de l'immenſe exportation d'argent qui augmente d'une année à autre; quoique le ſucre, dont la conſommation eſt devenue si confidérable par la néceffité d'en affaifonner le Caffé, foit une caufe acceffoire qui fait monter cette exportation encore plus haut; le filence des Financiers me donne lieu de croire que les fommes qu'on emploie à l'achat de ces deux productions, toutes grandes qu'elles foient, ne portent point autant de préjudice aux intérêts des Souverains que certains fpéculateurs ont voulu le dire. Ils conviennent que les puiffances qui cherchent à encourager le commerce de leurs colonies, doivent protéger celui du Caffé dans leurs états d'Europe; mais ils penfent différemment à notre égard, puifque nous n'avons point de correfpondance immédiate avec les habitans des pays qui produifent le Caffé. Ils ajoutent même qu'en donnant notre argent à nos voifins en troc de ces fèves fi recherchées aujourd'hui, nous le donnons pour les trois quarts du tems en pure perte, à raifon du tort fenfible qu'elles font à la fanté du peuple qui en tire fa principale boiffon. Le politique Raynal évalue l'exportation du feul Caffé Moka à douze millions, cinq cens cinquante mille livres pefant. C'eft ainfi qu'il en parle dans fon Hiftoire des établiffemens & du commerce des Européens dans les deux Indes. Suivant lui, les compagnies de la partie du monde que nous habitons, entrent dans ces achats pour le poids d'un million & demi de livres à feize ou dix-fept fols chacune, parce que les Caffés qu'elles enlèvent font les mieux

choifis. Mais fi l'on ajoute à cela la prodi-
gieufe quantité de Caffé Java, Surinam,
Bourbon & de la Martinique qui entre annuellement en Europe, il eft facile de con-
cevoir que le total qu'on y confomme doit
être immenfe. J'ai fixé à cent mille livres
par an le Caffé qui fe débite dans la ville
de Mons par petit poids, & ma fuppofition
eft fi peu exagérée, qu'il n'eft perfonne qui
ne la faffe monter beaucoup plus haut; encore n'ai-je point compté le Caffé de provifion des particuliers, non plus que celui
qu'on emploie dans les maifons ouvertes
où le public va boire la liqueur qu'on en
tire. Que doit-on penfer maintenant de la
confommation qui fe fait dans toute l'étendue
des Provinces Belgiques? Elle touche prefque à l'infini, puifque celle d'un petit coin
eft fi grande, & qu'on trouve par-tout le
même goût, la même paffion pour le Caffé.

On a vu dans les papiers publics que
plufieurs Princes d'Allemagne avoient ouvert
les yeux fur le dommage phyfique & politique que le Caffé caufoit à leurs Etats. Les
uns en ont abfolument interdit l'entrée; les
autres l'ont mife à fi haut prix, & encore
avec de telles conditions dans la vente de
cette marchandife, qu'il n'eft guère poffible
que la claffe inférieure du peuple puiffe continuer l'ufage abufif de la liqueur qu'on prépare avec les fèves de Caffé. Les pays où
ces ordonnances ont été portées, font prin-
cipalement ceux où la bière eft la boiffon

ordinaire de la plus grande partie des sujets. On a vu que leur paſſion pour le Caffé étoit montée à un tel point, qu'elle nuiſoit ſenſiblement à leur ſanté ; qu'elle menaçoit l'Etat de n'avoir bientôt que des hommes foibles pour le ſervir ; que la coutume qui s'étoit introduite par une fauſſe économie, autant que par le goût, avoit enfin déterminé le peuple à remplacer la bière par l'abondance de Caffé qu'il prenoit après ſes repas ; & que par cet endroit la perception des impôts ſouffroit un échec infiniment préjudiciable aux intérêts des adminiſtrations. Si l'on joint à tout cela la ſortie du numéraire que l'abus du Caffé occaſionne dans tous les pays, on y trouvera une raiſon de plus en faveur des édits que différens Souverains ont fait publier. Le Roi de Pruſſe évalue à la ſomme de ſept ou huit cens mille rixdalers l'argent qui s'exporte annuellement de ſes Etats pour l'achat du Caffé ; à quatre livres dix ſols de France le rixdaler, voilà preſque trois millions cinq cens mille, ou quatre millions de nos livres.

Les habitans des Provinces Belgiques n'ont pas moins de fureur pour le Caffé. Les claſſes moyenne & inférieure du peuple ſont remplies de gens qui ont renoncé à la bière dans leurs repas, & qui lui ſubſtituent une chauderonnée de décoction de ces fèves étrangères, que leur famille altérée attend avec la plus grande impatience. Dans la ville de Mons, où j'écris, le Thé & le

Caffé ont fait tellement baiffer la perception des impôts fur la bière, que la fomme de trois cens mille livres à laquelle ils montoient ci-devant chaque année, eft maintenant réduite à moins de cent mille. Qu'on voie, d'après cet exemple, fi les Officiers municipaux peuvent aifément faire face aux différentes dépenfes que demandent les parties dépendantes de leur adminiftration.

Il me paroît inutile de pouffer plus loin l'examen de la Queftion propofée, puifqu'il eft clair que l'abus qu'on fait du Caffé, procure aux hommes tous les maux dont je l'ai rendu coupable, & qu'il porte dans nos Provinces, un préjudice fenfible aux intérêts du Souverain, ainfi qu'à ceux des villes, qui ont peine à remplir les charges auxquelles elles font foumifes. On ne fauroit donc trop inculquer aux perfonnes de toute condition, & notamment au peuple, la néceffité de la réforme. Qu'on s'abftienne de Caffé ; c'eft le parti le plus fage : qu'on n'en ufe qu'avec beaucoup de modération dans le befoin ; c'eft une condition fans laquelle il nuit : qu'on ne croie pas que s'il fait du bien, il ne peut à la longue faire du mal ; c'eft une erreur : qu'on ne fe rende pas efclave de fon goût & de l'habitude ; fe laiffer dominer par le premier, c'eft fantaifie, par la feconde, c'eft foibleffe.

F I N.

9 782329 233246